Margot Scheffold

Tierärztin Tilly Tierlieb

Meerschweinchen Wuschel

Illustriert von Dorothea Tust

BAUMHAUS VERLAG

Alle Angaben in diesem Buch sind sorgfältig geprüft und erfolgen nach bestem Wissen und Gewissen. Sorgfalt bei der Umsetzung ist dennoch geboten und jeder Anwender muss selbst prüfen, ob die Angaben nicht durch neuere Kenntnisse überholt sind. Dazu gehört z. B. im Zweifelsfall einen Tierarzt zu konsultieren, Beipackzettel zu Medikamenten zu lesen und Gebrauchsanweisungen zu befolgen.
Der Verlag und die Autoren übernehmen keinerlei Haftung für Personen-, Sach- oder Vermögensschäden, die aus der unsachgemäßen Anwendung der vorgestellten Materialien und Methoden entstehen könnten.

Wir danken Dr. med. vet. Kristian Faulstroh
von der Tierärztlichen Klinik Dr. Eichhorn & Dr. Faulstroh
für seine fachliche Beratung.

Lektorat: Gabi Strobel / Sigrid Vieth
Umschlag: Jutta Hohl-Wolf
Satz und Lithos: Helmut Schaffer
ISBN 978-3-8339-3605-0

Gesamtverzeichnis schickt gern: Baumhaus Verlag,
Juliusstraße 12, D-60487 Frankfurt am Main
http://www.baumhaus-verlag.de

5 4 3 2 07 08 09 2010

Tilly Tierlieb

ist Tierärztin und heißt eigentlich Dr. Ottilie Mann. Schon als kleines Mädchen hat sie ihren Spitznamen „Tilly Tierlieb“ erhalten. Kein Wunder: Sie hat Tiere schon immer geliebt.

Frau Förster

ist die Mutter von Sina und Max und genießt es, am Stadtrand zu leben: Im Grünen und doch nah bei der Stadt. Als Kind hat sie gern mit Katzen gespielt.

Herr Förster

ist der Vater von Sina und Max und freut sich immer über einen Grund zum Basteln. Er baut alles: eine Puppenwiege, einen Kaufladen und natürlich auch eine Hasenburg für Schnuffi!

Inhalt

Herzblüten und Telefonterror

„Nein!“, sagt Sina und reißt die Augen auf. „Wahnsinn! Wirklich?“
Dann gehen ihre Mundwinkel auseinander und wandern in Richtung Ohren.
„Toll!“, strahlt sie. Während sie weiter zuhört, behält sie ihr Strahlelächeln bei. Den Telefonhörer klemmt sie zwischen Schulter und Wange, um beide Hände frei zu haben. So streicht sie den Werbezettel glatt, den sie eben erst aus dem Briefkasten gefischt hat. ‚Hund, Katze, Maus‘ steht darauf und ‚Ein Herz für Tiere‘.
Eben noch wollte Sina mit dem Zettel die Treppe hinaufstürmen und ihn ihrem Bruder zeigen.

Jetzt hat sie Maxi ganz vergessen. Gedankenverloren nimmt sie einen Stift vom Telefontisch und beginnt, Linien auf den Zettel zu zeichnen. Striche, Bögen, Tupfen – fertig ist eine Ringelblume. Rasch setzt Sina immer mehr Linien auf das gelbe Papier. So wächst eine Blüte nach der andern zwischen den fett gedruckten Buchstaben hervor. Doch die Blüten sind nicht gleich – ihre Blätter ändern sich. Je mehr Sina strahlt, desto üppiger werden sie. Erst sind sie lang und zart, dann fröhlich rund und schließlich werden sie herzförmig.

Ganz vertieft setzt Sina Herzchen neben Herzchen, als ihr plötzlich das Blatt unter dem Stift weggezogen wird. „Hey!“, ruft sie und fasst nach dem Papier.

Krach! fällt der Telefonhörer auf die Tischplatte.
„Oh nein!“, jammert Sina, während ihr Tränen in die Augen schießen.
Vorsichtig hebt sie den Hörer wieder auf und hält ihn sich ans Ohr. „Bist du noch dran, Lenni?“, flüstert sie und wird ganz rot. Doch sie kann die Antwort kaum verstehen, denn ihr kleiner Bruder stimmt ein Hohngeheul an.
„A-haaa!“, schreit er und wirft die Arme in die Luft.
Abrupt ändert er die Tonlage. „Lenniiiii“, flötet er und klimpert mit den Lidern. „Bist du noch dra-han?“
Übermütig schwenkt er sein Beutestück und ruft so laut, dass Lenni am anderen Ende der Leitung es hören kann: „Sie malt Herziblumen, Lenni, stell dir vor! Herzblümelchen, oh Mann, oh Mann!“

Während er feixt, wechselt Sina die Farbe. Sie wird abwechselnd rot und weiß. Ihre Augen glitzern. Maxi wundert sich. Sina wird doch nicht gleich losheulen, nur weil er einen Spaß macht!

Doch es kommt ganz anders: „Ich rufe später wieder an“, sagt seine Schwester zu ihrem gemeinsamen Freund und legt auf. Kaum hat sie den Hörer eingehängt, stürzt sie sich auf den verdutzten Max. „Gib sofort das Blatt zurück!“, herrscht sie ihn an. „Und hör auf, so doof zu lachen! Du Idiot, du! Blödmax! Idiot!“

Zu jedem Schimpfwort versetzt sie ihrem Bruder einen Fausthieb. Der reißt sich los und stürzt die Treppe hinauf. „Mamaaaa!“, brüllt er dabei. „Sina ist verrückt geworden – sie schlägt mich!“

„Von wegen!“, schreit Sina. „Maxi macht Telefonterror und haut dann einfach ab! Bleib stehen, du Feigling!“
„Damit du mir eine runterhaust?“, gibt Max zurück. Mitten im Dauerlauf dreht er sich um und tippt sich an die Stirn.

Dadurch verliert er seinen Fluchtweg aus den Augen. Mit voller Wucht prallt er gegen seine Mutter, die gerade aus dem Badezimmer kommt.
„Na, was ist mir denn da in die Arme gelaufen?“, fragt Frau Förster und hält Max ein Stück weit weg. „Ein Telefonterrorist? Ein Feigling? Oder das arme Opfer einer Schlägerin? Na, auf jeden Fall ein Schreihals!“

Dann sieht sie Max mit strengem Blick an und sagt: „Muss der Lärm sein? Nicht mal am Samstagmorgen hat man seine Ruhe!“ Zu Sina gewandt, meint sie: „Hat der Briefträger eine Schatzkarte eingeworfen oder warum streitet ihr?“
„Es geht nicht um die Post“, stellt Sina klar. „Im Briefkasten war gar kein Brief.“

„Oh Mann, und was ist das?“, ereifert sich Max und schwenkt den von Sina bekritzelten Zettel wie eine gelbe Fahne. „Du bist sofort zum Telefon gelaufen, um Lenni davon zu erzählen.“
„Du träumst wohl!“, protestiert Sina. „Was du dir alles einbildest!“

Noch während seine Schwester spricht, liest Maxi das fett Gedruckte auf dem Blatt. „Hund! Katze! Maus!“, murmelt er und tippt mit dem Zeigefinger auf jedes einzelne Wort. „Ich gehe vielleicht erst in die erste Klasse“, mault er, „aber ich kann erstklassig lesen!“

Sina verdreht die Augen und stöhnt. Maxi beachtet sie nicht. Er starrt auf das herzblumenverzierte Blatt in seiner Hand und zieht eine Schnute.

„Da steht, es gibt ein neues Tierheim. Und sie verschenken Tiere. Warum hast du mir das nicht gesagt?“
Vorwurfsvoll starrt er seine große Schwester an.

Ein Herz für Hops

„Ich finde, ihr habt genug Tiere, um die ihr euch kümmern müsst“, meint Mama energisch. „Schnuffi, das Riesenkaninchen, Kater Karlchen, Hund Balu – und Sina versorgt noch Pony Rocky. Also wirklich, das reicht! Selbst wenn sie geschenkt wären – noch mehr Tiere brauchen wir nicht!“

Max und Sina antworten nicht. Sie sind mit ihrem Streit beschäftigt. Sina wird langsam wütend. „Ich habe dir nur deshalb nichts von dem Tierheim erzählt“, faucht sie ihren Bruder an, „weil Lenni angerufen hat – mit einer tollen Nachricht! Aber du hast uns gestört!“

„Spinnst du?“, entrüstet sich Max. „Lenni ist mein Freund! Er hat keine Geheimnisse vor mir!“

„Darum geht es doch gar nicht“, mischt sich jetzt Frau Förster ein. „Sina wollte mit Lenni plaudern und du hast dazwischengefunkt. Das gehört sich nicht!“

Maxi starrt seine Mutter entgeistert an: „Ich hab’ doch nur Spaß gemacht!“, beteuert er. „Kann *ich* dafür, dass Sina so empfindlich ist?“

Er dreht den Kopf zu seiner Schwester. Plötzlich nehmen vier Augen Sina ins Visier: Maxis Blick ist eine offene Herausforderung, Mamas Blick eine offene Frage.
Da wird es Sina zu viel.

Die lange zurückgehaltenen Tränen quellen hervor und sie schnieft: „Maxi ist so gemein! Er hat Lenni verraten, dass ich Herzchen gemalt habe."

Mama wirft einen raschen Blick auf das Papier in Maxis Hand. „Das ist doch kein Problem!", tröstet sie ihre Tochter. „Sag Lenni einfach, du hast die Werbung für das neue Tierheim aus dem Briefkasten geholt und warst so begeistert davon, dass du angefangen hast, sie zu verzieren. Mit Blümchen und Herzen – eben mit allem, was sich gut zeichnen lässt."

Sina lauscht mit großen Augen. Langsam beginnt sie zu lächeln. „Das hört sich gut an", sagt sie und sieht ganz erleichtert aus. „So kann ich es Lenni erklären."

„Der hat ganz andere Probleme!“, ruft Max. „Ich sage nur: Hops! Genau darüber wollten wir reden. Schon vergessen?“

Jetzt zuckt Sina zusammen. Verwirrt stammelt sie: „Nein, ich – klar, wir wollten Hops helfen!“
Als sie Mamas fragenden Blick auffängt, erklärt sie: „Wir müssen verhindern, dass Hops wieder krank wird vor Einsamkeit. Seit wir Karlchen und Balu

haben, bringt Lenni ihn nicht mehr mit, wenn er uns besucht."
„Hmmm", grübelt Frau Förster. „Und weil Hops nicht mehr mit Schnuffi spielen kann, ist er wieder so alleine wie zuvor. Das ist natürlich nicht gut. Hoffentlich wird er nicht trübsinnig!"

„Das ist es ja!", ruft Max und seine Stimme überschlägt sich. „Wir können Schnuffi nicht zu Lenni tragen – dafür ist er zu schwer. Und Hops hat panische Angst vor Balu und Karlchen!"
„Kein Wunder", meint Mama. „Kater und Hunde stehen nun mal nicht auf Zwergkaninchen."

„Höchstens zum Frühstück!", witzelt Paps, der in diesem Moment barfuß ins Bad tappt.

Als ihn der strafende Blick seiner Kinder trifft, verstummt er sofort. „Schulligung“, brummt er. „Man wird ja wohl noch einen Witz machen dürfen!“

„Das war überhaupt nicht witzig!“, schreit Max und Sina zuckt zusammen. „Siehst du?“, fällt sie über Maxi her. „Manche Witze sind überhaupt nicht lustig!“

„Oh nein!“, stöhnt Paps und verzieht das Gesicht. „Bitte nicht! Es ist Samstagmorgen – ich will den Tag in Ruhe beginnen!“

Griesgrämig sieht er einen nach dem anderen an. Als sie sein verzweifeltes Gesicht sieht, muss Mama lachen. „Alles klar!“, sagt sie und drückt ihrem Mann ein Küsschen auf die Backe. „Mach dich frühstücksfertig, wir decken den Tisch.“ Dann schiebt sie Max und Sina aus dem Badezimmer und zieht die Tür hinter sich zu.

Kurz darauf ist der runde Tisch im Esszimmer gedeckt – mit allem, was ein Samstagmorgen-Frühstück so schön macht: Baguette und Brötchen, Schokohörnchen und Vanilleplunder, Nussschnecken und Marmelade, Käse, Wurst und Leberpastete, Eier, Müsli, Milch und Kakao, Tee, Kaffee und Saft.
Zufrieden gucken die Geschwister über den Tisch.

„Sieht super aus!“, sagt Max aus tiefstem Herzen. Und aus tiefstem Magen, denn er hat Hunger.

„Das habt ihr wirklich toll gemacht. Danke schön!“, lobt Mama und strahlt. Sie knuddelt die beiden Streithähne, die jetzt ganz friedlich nebeneinander sitzen.

„Na, Gott sei Dank!“, tönt es plötzlich von hinten. „Endlich Ruhe!“ Mit breitem Grinsen spaziert Papa zur Tür herein. Er ist frisch rasiert, ordentlich gekämmt und strahlt vor Sauberkeit und guter Laune.

Mit seinem typischen Samstagmorgen-Gesicht setzt er sich an den Frühstückstisch und reibt sich die Hände. „Lecker, lecker!“, freut er sich und greift nach einer Nussschnecke.

Dann sieht er Mama an und seufzt: „Ein Glück, dass der Zwergenzoff vorbei ist!“ Doch er hat die Rechnung ohne die Zwerge gemacht.
„Papa!“, ruft Max, „Sina hat Geheimnisse vor mir! Und sie kümmert sich überhaupt nicht mehr um Hops!“
„Stimmt doch gar nicht!“, hält Sina dagegen. „Maxi lügt! Und er ist gemein!“

„Ist ja gut!“, stöhnt Papa und wehrt mit den Händen ab. „Nun erzählt schon, was los ist!“

Hund, Katze, Maus – und ein Meerschweinchen

„Gegenvorschlag!“, ruft Mama. „Mit leerem Bauch diskutiert es sich nicht gut – da kommt man leicht ins Streiten. Lasst Papa seine Nussschnecke essen und gönnt mir eine Tasse Kaffee! Ihr könnt euch ja ein Brötchen schmieren.“
„Oder ein Baguette“, sagt Sina, die allmählich Appetit bekommt. „Oder ihr nehmt ein Schokocroissant“, freut sich Maxi und leckt sich die Lippen.

Doch Mama lässt sich nicht aus der Ruhe bringen. „Esst, was ihr wollt“, sagt sie. „Aber esst! Und dann sehen wir weiter.“

Diesmal erreicht sie ihr Ziel – und Papa bekommt ein paar Minuten schönster

Samstagmorgen-Ruhe. Eine ganze Weile trübt kein Geräusch den Frieden der Runde. Nur Max schlürft mit dicken Backen seinen Kakao.

Schließlich lehnt Papa sich zurück und fragt: „Also – was ist los?“
„Der Reihe nach!“, mahnt Mama, weil Max schon wieder Luft holt. „Sina fängt an.“

„Im Briefkasten lag ein Zettel“, berichtet Sina. Eifrig greift sie nach dem gelben Blatt.

„Darauf steht, dass es ein neues Tierheim in der Stadt gibt. Sie nehmen alle Tiere in Pflege, die zu Hause nicht mehr erwünscht sind. Hunde, Katzen, Kaninchen, Vögel – sogar Mäuse."

„Aha!", sagt Papa. „Deshalb steht da ‚Hund, Katze, Maus'."
Mama erinnert sich: „Ach ja – vor einigen Wochen habe ich in der Zeitung von der Eröffnung des Tierheims gelesen. Es liegt im selben Viertel wie die Tierarztpraxis eurer Freundin."

„Tilly Tierlieb?", rufen Max und Sina wie aus einem Mund. „Bestimmt kennt Tilly die Besitzer!", überlegt Sina. Maxi motzt schon wieder: „Warum hat sie uns dann nichts davon erzählt? Schließlich sind wir das Tilly-Tierlieb-Team!"

Mama schüttelt den Kopf, Papa schmunzelt. „Ihr mit eurer Tierverrücktheit!“, sagt er. „Dass Frau Doktor Mann euch so mit einbezieht, ist das reinste Wunder!“

„Von wegen!“, ruft Maxi. „Wir sind Freunde! Deswegen hat sie uns ja ihren Spitznamen verraten!“
„Und weil wir ihr helfen, sind wir das Tilly-Tierlieb-Team“, betont Sina.
Nach einer kleinen Pause fügt sie hinzu: „Zusammen mit Lenni“, und wird schon wieder rot.

Maxi bemerkt es nicht. Doch er schnappt den Namen ihres gemeinsamen Freundes auf und erinnert sich an den Anfang der Diskussion. „Jetzt sag’ schon: Warum hast du erst Lenni angerufen, als du den Zettel gefunden hast?“, bohrt er. „Wir wollten doch was besprechen!“

Sina holt Luft. Dann beteuert sie: „Ehrlich, Maxi – maximales Ehrenwort: Ich war gerade auf dem Weg zu dir, aber dann hat das Telefon geklingelt. Lenni sagt, dass Tilly uns um halb elf mit zu einer Untersuchung nimmt – es ist was ganz Besonderes.“

Jetzt bekommt Maxi große Augen. „Ehrlich?“, stößt er hervor. „Wohin gehen wir denn?“
Sina strahlt. Einen kleinen Moment kostet sie ihren Wissensvorsprung noch aus. Dann platzt sie heraus: „Ins Tierheim!“

Jetzt springt Maxi auf – so ungestüm, dass sein Stuhl nach hinten wegkippt. Krachend fällt er zu Boden, doch Maxi übertönt den Lärm. *„Nein!“*, schreit er. „Das gibt's nicht!“

„Doch“, bestätigt Sina und ergänzt, „es geht um ein Meerschweinchen.“
„Ein Meeeeeerschweinchen?“, echot Max. Seine Begeisterung lässt schlagartig nach. Doch seine Schwester freut sich: „Ist das nicht süß?“
„Na – ich weiß nicht“, meint Max und verzieht das Gesicht. „Sind Meerschweinchen nicht furchtbar doof?“

Jetzt müssen Paps und Mama lachen. „Wie kommst du denn darauf?“, erheitert sich Papa. Er lacht sich kaputt. Als er Maxis beleidigten Blick spürt, beruhigt er sich und erklärt: „Du als Tierfreund müsstest das doch wissen: Es gibt keine dummen Tiere! Jedes Tier kann die Dinge, die es zum Überleben braucht. Bei Meerschweinchen ist das nicht anders als bei Kaninchen. Und

Schnuffi würdest du ja auch nicht für dumm halten, nur weil er nicht auf Kommando Männchen machen kann wie Balu."

„Oder schnurren wie Karlchen", ergänzt Mama mit einem Blick auf den schwarzweißen Kater, der elegant um den Türpfosten streicht.

„Nie!", empört sich Max. „Superschnuff ist der Beste! Und mit seinem Geknurre ein toller Wachhase – auch wenn das jetzt Balu übernimmt. Hunde können manche Sachen einfach besser."

„Siehst du“, fasst Paps befriedigt zusammen, „das ist genau das, was ich sage: Jede Tierart hat ihre besonderen Talente. Und jedes Tier seinen eigenen Charakter. Deshalb bringt es gar nichts, eine Tierart insgesamt abzulehnen. Aber wenn du mit Meerschweinchen überhaupt nichts anfangen kannst – bitte! Du *musst* ja nachher nicht mitfahren.“

Kinder-Überraschung!

„Von wegen nicht mitfahren!“, murrt Maxi, als er später mit Sina im Bus sitzt. „Wir sind doch das Tilly-Tierlieb-Team! Ich *muss* das Meerschweinchen sehen – auch wenn es das einzige ist, das ich jemals treffe!“

„Wohl kaum!“, sagt Lenni kurz darauf, als er seine Freunde vom Bus abholt. Gleich nach einem fröhlichen „Hallo“ hat Maxi seinem Freund ganz atemlos erzählt, was er vormittags gelernt hat: „Ich finde Meerschweinchen zwar nicht so toll, aber man kann auch nicht sagen, sie wären doof. Verstehst du? Sie können alles, was ein Meerschweinchen eben können muss, aber sie machen nicht auf Kommando Männchen und schnurren nicht. Deswegen sind sie ziemlich langweilig. Aber egal – wir sehen uns das Tier mal an! Vielleicht ist es ja das einzige Meerschweinchen, das wir jemals sehen."

„Wohl kaum!", sagt auch Tilly Tierlieb, der Max nur wenige Minuten später denselben Vortrag hält. Wie Lenni beißt sie sich auf die Lippen, um nicht allzu breit zu schmunzeln.

„Lenni und Tilly haben ein Geheimnis!", tuschelt Maxi seiner Schwester ins Ohr.

„Aber vielleicht finden wir es raus."
Laut fragt er: „Wie heißt der Patient eigentlich?"
Tilly und Lenni sehen sich an. Einen kurzen Moment wirken sie verwirrt, doch dann sagt Tilly schnell: „Struppi."
„Struppi?", fragen Sina und Maxi wie aus einem Mund. Beide denken dasselbe. Maxi spricht es aus: „Das ist doch kein Meerschweinchenname!"

Jetzt platzt das Lachen aus Tilly heraus: „Na, du bist gut!", japst sie. „Hast noch nie ein Meerschweinchen gesehen, weißt aber schon im Voraus, dass die Tiere langweilig sind – und kennst auch noch ihre Namen. Alle Achtung!"

Weil Tillys Spott ihm peinlich ist, überlegt Maxi sich schnell eine clevere Frage.

„Und wieso heißt das Meerschweinchen ausgerechnet Struppi?“, forscht er diesmal. Mit Erfolg, denn Tilly erklärt: „Weil sein Fell über und über voller Haarwirbel ist, so dass es aussieht wie ein Struwwelpeter. Allerdings ein rothaariger.“

Maxi ist erleichtert, dass seine große Freundin ihn nicht länger auslacht. Um die Blamage wieder auszugleichen, will er noch eine kluge Bemerkung machen. Endlich fällt ihm etwas Passendes ein. „Wenn er rothaarig und verstruwwelt ist“, sinniert er, „sollte Struppi vielleicht besser Pumuckl heißen.“

Jetzt lacht Tilly noch mehr. Doch sie sagt nichts – fast nichts. Nur ein Wort: „Abwarten!“

Kurz danach betreten sie das Tierheim. Es liegt mitten im Grünen. Eine junge Frau in Latzhosen und Gummistiefeln führt die Besucher hinters Haus. Dort sind die Außengehege.
„Wir setzen die Tiere ins Freie, wenn es windstill und nicht allzu kalt ist“, erklärt

sie den Kindern. „Meerschweinchen sind zwar empfindlich gegen Luftzug, aber Frischluft ist gesund. Außerdem haben sie hier viel mehr Platz zum Spielen. Das hält sie fit und beweglich. Ihre neuen Besitzer sind darüber sehr froh – und wir freuen uns, wenn die Tiere ein neues Zuhause finden. Im Moment ist das Meerschweinchenheim allerdings noch dort hinten.“

Die Kinder folgen dem ausgestreckten Arm der Frau mit Blicken. Weit hinten auf der Wiese entdecken sie ein geräumiges Laufgitter.
„Wir haben es so weit wie möglich von den Hundezwingern entfernt aufgebaut“, erklärt die Tierpflegerin, „denn Meerschweinchen sind sehr schreckhaft. Das Bellen hören sie natürlich

trotzdem, aber sie fühlen sich wohl in ihrer Umgebung und in ihrem Rudel – das hilft!“

Rudel? Sina und Maxi tauschen erstaunte Blicke. Nur Lenni bleibt unbeeindruckt.
„Hat Tilly dir was erzählt?“, fragt Sina ihren Freund. Und Max forscht mit Verschwörerblick: „Was meint sie denn?“

Lenni grinst von einem Ohr zum andern. Doch er hält dicht. „Abwarten!“, sagt auch er – mit demselben „Bald-ist-Weihnachten“-Blick wie Tilly Tierlieb. Und tatsächlich – je näher sie dem Gitterverschlag kommen, desto klarer wird Max und Sina, welche Überraschung sie hier erwartet: Struppi ist nicht allein!

Im Gegenteil: Auf dem Flachdach eines Holzhäuschens hockt ein zottiges Fellbündel und sieht ihnen entgegen. Seine schwarzweißroten Struwwelhaare stehen widerborstig nach allen Seiten ab. Mit dunkel glänzenden Knopfaugen lugt es unter einem wilden Haarschopf

hervor. Als die Freunde näher kommen, dreht sich der Buntschopf herum und trippelt die Rampe hinunter, die zu seinem Ausguck führt. Schnell dreht sich das Meerschweinchen noch einmal um und verschwindet dann im Inneren des Häuschens.

Schon durch den Einstieg können die Kinder erkennen, dass der Späher in der Kuschelhöhle erwartet wird. Auch in einem hohlen Baumstück, das hinter der Meerschweinchenvilla im Gras liegt, sehen sie struppiges Fell. Und in einem umgedrehten Blumentopf ebenfalls.
Um die Tiere nicht zu erschrecken, bleiben sie in einigem Abstand vor dem Käfig stehen und gehen auf die Knie. Ganz ruhig warten sie ab.
Nur Maxi flüstert ziemlich laut: „War das Struppi? Oh Mann, oh Mann, der sieht ja heiß aus!“

Tilly grinst: „Jetzt kann ich es euch ja sagen: Das war nicht Struppi, sondern eines ihrer Kinder. Struwwelpeter ist nämlich eine Struwwelpetra – Struppis Herrchen dachte, er hätte ein Männchen gekauft."
Weiter kommt sie nicht, denn Maxi quietscht: „Oh neiiin! Genau wie bei Schnuffi und Hops! Schnuffi hat dann ja auch Junge bekommen. Und hier gibt's wohl auch schon jede Menge Meerferkelchen!"

„Sechs Stück, um genau zu sein", antwortet die Tierärztin. „Die Kleinen sind jetzt gut vier Wochen alt. In diesem Alter kann man sie entwöhnen und an die künftigen Besitzer abgeben. Ich mache einen letzten Check, ob alles in Ordnung ist. Dabei könnt ihr mir helfen."

Sina und Lenni jubeln. Nur Maxi bleibt schweigsam. Doch dann bricht er sein Schweigen. Mit gerunzelter Stirn fragt er: „Und wieso ist Struppi im Tierheim gelandet? Wollten die Leute sie nicht mehr behalten, nur weil sie jetzt eine Familie hat?"

„Gute Frage!", lobt Tilly. „Meerschweinchen sind sozusagen Familientiere, denn in der Wildnis leben sie in Rudeln. Zahme Meerschweinchen sind aber meist allein. Struppi wurde als Einzeltier gekauft, doch da war sie schon schwanger. Der Händler hat das anscheinend nicht gemerkt und sich dann auch noch über das Geschlecht des Tierchens getäuscht."

„So ein Idiot!", entfährt es Maxi.

Tilly widerspricht: „Die Geschlechtsbestimmung bei Meerschweinchen ist nicht einfach, das werdet ihr gleich sehen. Und von der Schwangerschaft, die insgesamt zehn Wochen dauert, sieht man selbst in den letzten Wochen nicht viel. Nur wenn man die Hand unter das Bäuchlein der Mutter schiebt, kann man spüren, wie die Babys sich darin bewegen. Struppis Herrchen waren deshalb ganz perplex, als sie eines Morgens sechs quietschlebendige Junge im Käfig herumtollen sahen."

„Und statt sich zu freuen, haben sie alle zusammen weggegeben!“, empört sich Max. „So eine Gemeinheit! Wir nehmen sie alle mit heim!“

„Immer mit der Ruhe!“, bremst ihn Tilly. „Meerschweinchen, Hund und Katze – das klappt nur unter bestimmten Umständen. Meerschweinchen – Kaninchen schon eher. Außerdem habe ich andere Pläne: Eines der Kleinen kehrt mit Struppi in ihr Heim zurück, die anderen möchte ich gern paarweise abgeben. Und der letzte … darüber sprechen wir gleich. Jetzt werden erst einmal die Kleinen untersucht."

Mit raschem Schritt ist sie beim Laufgitter angelangt. Kein Meerschweinchen ist zu sehen.

„Sie kauern gern in Häuschen, Winkeln und Höhlen – das ist typisch", erklärt Tilly. „Zum Glück war ich schon einige Male hier und sie kennen den Geruch meiner Hand. Haltet euch am besten im Hintergrund – wie bei fremden Kaninchen. Ihr wisst ja, wie das geht: klein machen, langsam bewegen, leise sprechen. Und ganz allmählich vorsichtig die Hand hinhalten und beschnuppern lassen."

Mit geübtem Griff entfernt die Tierärztin die Abdeckung von dem großen Laufstall.

Danach kommt die Meerschweinchenvilla an die Reihe. Vorsichtig lüftet Tilly das flache Holzdach. Darunter drängelt sich ein bunt gescheckter Fellhaufen. Mitten in dem Wirrwarr aus Zotteln, Beinchen, durchscheinenden Ohren und glänzenden Äuglein ertönt ein schwaches Rasseln und Brummen. Dann wieder klingt es wie Klappern.

„Das sind Warnsignale“, erklärt Tilly den Kindern. „Meerschweinchen haben eine angeborene Beißhemmung: Normalerweise beißen sie weder Menschen noch andere Tiere. Nur wenn sie sich in die Enge getrieben fühlen und keinen anderen Ausweg mehr sehen, gehen sie zum Angriff über. Erst klappern sie drohend mit den Zähnen, dann brummeln und knurren sie. Wer trotzdem nicht aufpasst, den können sie böse zwicken.“

Während sie spricht, zieht Tilly Tierlieb mit langsamen Bewegungen einen Apfelschnitz aus ihrer Hosentasche und hält ihn vorsichtig über das geöffnete Dach der Meerschweinchenwohnung. Sofort kommt Bewegung in die Zotteltruppe: Hier glänzt ein schwarzes Auge, dort kräuselt sich ein rosa Näslein.

Hier strampeln helle Füßchen mit vier Zehen, dort erhebt sich ein massig runder Körper. Er gehört zu Struppi, der Mutter der Kompanie. Sie ist fuchsrot mit weißem Gesicht und hat am Rücken einen hoch aufgerichteten Haarkamm. Schnüffelnd und schnuppernd kommt sie dem Leckerbissen immer näher – bis sie auf den Hinterbeinen steht. „Womit auch das bewiesen wäre“, sagt Tilly zu Max. „Das Knurren hast du selbst gehört und das Männchenmachen hast du selbst gesehen. Ganz so langweilig sind Meerscheinchen wohl doch nicht …“

Als Struppi beginnt, den Apfel anzuknabbern, verlieren auch ihre Kinder die Scheu. Eines nach dem andern reckt seinen Kopf vor und schnuppert an Tilly

Tierliebs Hand. Sechs kleine Fellbündel wuseln um die Mutter herum. Sie haben ganz unterschiedliche Farben und Muster, aber eines ist allen gemeinsam:
Sie haben hellwache Augen und lustig verwirbeltes, seidenfeines Haar.

„Da ist der Wuschelpony von vorhin“, flüstert Lenni und zeigt auf den vorwitzigen Gesellen mit dem wilden Haarschopf. Zu Tilly sagt er: „Kannst du den Wuschel vielleicht als Ersten untersuchen?“
Tilly nickt.

Eine Untersuchung zum Quieken

Ganz sanft streichelt Tilly über das wirbelige Fell des Buntwuschels. Nach einiger Zeit schiebt sie ihre Hand behutsam von der Seite unter seinen Körper. Die mittleren Finger platziert sie zwischen seinen Vorderbeinchen, so dass der ganze Brustkorb gestützt wird. Dann hebt sie das erstaunte Meerschweinchen vorsichtig nach oben. Schon in der Luft nimmt sie die zweite Hand zu Hilfe und setzt den dicken Meerschweinchenpo mitten hinein. Jetzt ist Wuschel auch von hinten gestützt.

„Am besten übt ihr diesen Griff im Sitzen oder in der Hocke", rät sie den

frisch gebackenen Meerschweinchenfreunden. „Dann ist die Gefahr eines Sturzes nicht so groß. Der könnte so einem Tierchen nämlich alle Knochen brechen."

Als sie die erschrockenen Blicke der Kinder sieht, fügt Tilly beruhigend hinzu: „Aber so geht es ganz gut."
Sie zeigt ihrem Team, wie die eine Hand Wuschel weiterhin von unten hält, während die zweite ganz leicht auf seinem Rücken liegt.

„So fühlt er sich auf eurem Schoß oder eurem Arm sicher und geborgen. Gleichzeitig könnt ihr mit der zweiten Hand einen Sturz verhindern. Aber packt ein Meerschweinchen nie, nie, niemals nur am Nackenfell oder an den Vorderpfoten! Wenn ihr steht oder geht, wird es für die Kleinen noch gefährlicher. Auch wenn sie erschrecken – sie dürfen auf keinen Fall hinunterspringen. Drückt sie deshalb mit beiden Händen an euch – Köpfchen nach oben und Körper flach an eurer Brust. Dabei haltet ihr wieder den Meerschweinchenpo in der einen Hand und legt die andere um seinen Oberkörper. Seht ihr? So geht das."

Langsam bringt Tilly Tierlieb Wuschel in die richtige Position und steht dann auf.

Er zappelt ein bisschen, quiekt kurz, aber sonst passiert nichts.
„Hat er Angst?“, fragt Sina besorgt.

„Sicher. Ein bisschen schon“, meint Tilly, „aber das gibt sich, wenn er an Menschen gewöhnt ist. Dann wird er bald vor Freude quieken, wenn er sein Herrchen sieht. Er wird wohlig grunzen, wenn er gestreichelt wird und leise vor sich hin brabbeln, wenn es ihm gut geht.“
„Süß!“, sagt Sina und Lenni strahlt.
Maxi kichert. „Au ja!“, ruft er. „Wir lernen Meerschweinisch!“

Da geht die Tierärztin erneut in die Hocke und sagt: „Seht ihn euch genau an, euren Wuschel! Was haltet ihr von ihm?“

Eingehend studiert das Tilly-Tierlieb-Team das Tierchen in Tillys Hand: den rundlichen, festen Körper, die putzmunteren Knopfaugen, die rosarote Nase, die durchscheinenden, runden Ohren und die kurzen Beinchen mit den hellen Füßen.

„Er hat vorne vier und hinten drei Zehen!“, bemerkt Sina plötzlich verblüfft.

„Gut beobachtet!“, lobt Tilly Tierlieb. „Das haben alle Haus-Meerschweinchen.“

„Und die zweierlei Ohren?“, fragt Max. „Eines in Babyrosa und eines in Schwarz?“

„Die sind eine Besonderheit von unserem Wuschel“, sagt Tilly. „Und von allen anderen Meerschweinchen, die unregelmäßig verteilte Farbflecken am Kopf und im Gesicht haben.“

„Ich finde ihn wunderschön“, betont Lenni. „Der weiße Streifen von der Brust bis über die Nase – dazu ein rotes Bäckchen auf der einen und einen schwarzen Augenfleck auf der anderen Seite, der weiße Kragen über den Schultern und die lustigen schwarzroten Kleckse auf Bauch, Rücken und Po … mir gefällt er!“

Tilly hört ihm lächelnd zu. Dann mahnt sie: „Ob er allerdings ein *er* ist, müssen wir erst mal prüfen.“

„Ja!“, lacht Maxi. „Sonst kriegt er plötzlich Junge und alle Welt wundert sich!“
„Das wird wohl nicht passieren“, stellt Tilly da schon fest. Sie hat Wuschel auf den Rücken gedreht und ihm ganz vorsichtig mit der Fingerspitze auf den unteren Bauch gedrückt.

„Was machst du da?“, fragt Maxi erstaunt.

„Ich sehe nach, ob wir hier einen Herrn Wuschel haben oder eine Wuscheline“, erklärt Tilly. „Das ist nicht ganz einfach – deshalb hat der Verkäufer von Struppi sich ja geirrt. Und je jünger die Tiere sind, desto schwieriger wird die Geschlechtsbestimmung. Aber wenn man auf eine bestimmte Stelle am Bauch drückt, kommt bei den Männchen ein kleiner Pimmel zum Vorschein, seht ihr?“

Jetzt sehen es die Kinder auch: Zwischen den Hinterbeinen des buntgescheckten Zottelpelzes kann man deutlich kleine Bömmelchen und ein Schwänzchen erkennen.
„Ganz klar!“, tönt Maxi. „Einwandfrei!“
„Er ist ein Junge“, sagt Sina. Und Lenni kitzelt den Kleinen am Bauch: „Hallo Herr Wuschel!“

Der Wuschel-Check

„Wir sollten eine Liste anlegen“, schlägt Tilly Tierlieb vor, „auf der wir notieren, wie die Kleinen aussehen, ob es Männchen oder Weibchen sind und wie sie heißen. Habt ihr Lust?“
„Und ob!“, kräht Maxi. „Du guckst ihnen unter den Bauch, Lenni beschreibt die Farbflecken, Sina schreibt mit und ich denke mir den Namen aus. O.k.?“

„Von wegen! Das könnte dir so passen!“ Sina und Lenni protestieren energisch. Max setzt seine bewährte Unschuldsmiene auf. Doch ehe er den Mund öffnen kann, ergreift die Tierärztin das Wort: „Am besten machen wir alles gemeinsam.

Schließlich sind wir ein Team. Ich helfe euch bei der Geschlechtsbestimmung und ihr übernehmt die Beschreibung und Namensfindung. Also – hier haben wir …“

„Ein Männchen!“, schreit Maxi, der schon wieder vornedran ist.

„Richtig“, freut sich Tilly, „man kann aber auch sagen: ein Böckchen. Und wie erkennen wir es wieder?“

„Es ist dreifarbig“, sagt Lenni, „schwarz,

rot und weiß, hat zweierlei Ohren, ein rotes Bäckchen und einen schwarzen Augenfleck ..."

„Spar dir die Beschreibung! Ich würde Wuschel jederzeit wiedererkennen", beteuert Maxi. Sina nickt und schreibt: ‚Wuschel, männlich, dreifarbig, zweifarbige Backen und Ohren.'

Nach und nach füllt sich ihr Blatt. Am Schluss haben sie Struppis Babys genau erfasst: Es gibt drei Weibchen –

Schecki, Flecki und Moppel – und drei Männchen: Wuschel, Zotti und Pumuckl. Jedes einzelne Meerschweinchen hat ein anderes Muster. Einige haben Tupfen am Po, andere ein dunkles Hinterteil und einen weißen Bauch, als würden sie Hemd und Hose tragen.

Einige haben weiße Hamsterbäckchen und einen weißen Latz, andere einen weißen Streifen vom Mund bis hoch zur Stirn.

Die einen haben rechts und links die gleichen Farbmuster, die andern sind kunterbunt gescheckt.

Aber einiges ist allen gemeinsam. Zum Beispiel das verwirbelte Fell mit den kleinen Hahnenkämmen, die in alle Richtungen abstehen. Und der wippende Haarschopf, der halb in die Augen hängt und halb wie eine Bürste nach oben sprießt.
„Sie sind Rosettenmeerschweinchen“, erklärt Tilly, „weil ihr Fell voller Rosetten ist. So nennt man die kreisrunden Haarwirbel. Es gibt aber auch glatthaarige Meerschweinchen, die nur eine Rosette zwischen den Ohren haben. Die sieht dann aus wie ein Krönchen. Es gibt Rauhaarmeerschweinchen und solche mit angoraweichem Pelz. Es gibt welche mit Korkenzieherlocken und andere mit glatten, langen Haaren, die hinter ihnen herschleifen wie eine seidige Schleppe.“

„Ich mag Rosettenmeerschweinchen am liebsten“, erklärt Lenni. Maxi pflichtet ihm bei: „Die sehen so lustig aus.“ „So struppig“, sagt Sina – und Tilly ergänzt prompt: „Deshalb nennen manche sie auch Struppmeerschweinchen.“

Dann kehrt sie zur Untersuchung zurück. „Also“, erinnert sie ihre Helfer, „was haltet ihr von unserem Struppmeerschweinchen? Macht es einen gesunden Eindruck? Denkt mal dran, was ihr von anderen Tieren wisst – von Katzen, Hunden und Kaninchen.“

Behutsam befühlt die Tierärztin den Körper von Wuschel.
„Er ist gut gepolstert, was?“, grinst Max.
„Das ist ein gutes Zeichen!“
Tilly nickt. Dann streicht sie Wuschel mit

der Hand über den Rücken und sieht Sina an. Die antwortet wie aus der Pistole geschossen: „Das Fell ist dicht und glänzend, es gibt keine kahlen Stellen – sehr gut!“

Tilly bestätigt auch dieses Ergebnis mit einem Lächeln. Dann zeigt sie auf Nase und Augen ihres Schützlings und nickt Lenni zu.

Der Zwergkaninchenbesitzer ist bestens präpariert. Erst tupft er Wuschel sanft auf die Nase, dann sagt er zackig: „Nase: trocken, sauber, warm. Augen: glänzend, ohne Ausfluss, keine Verklebungen. Bestanden!“

Seine beiden Kollegen lachen genauso wie ihre gemeinsame Chefin Tilly. Die holt eine kleine Taschenlampe heraus und leuchtet Wuschel in die Ohren. Dazu sagt sie: „Ohren sauber und ohne Krusten – eins A!“

Dann biegt sie Wuschels Fell an verschiedenen Stellen mit zwei Fingern auseinander und blickt fragend in die Runde.
„Stimmt ja!“, beeilt sich Maxi mit der Antwort. „Das wollte ich sowieso gerade sagen: Die Haut ist ohne Kratzer, ohne Schorf und ohne Ungeziefer. Auch gut!“

„Danke schön! Ihr seid super Assistenten“, strahlt Tilly Tierlieb.

Eingangskontrolle: bestanden!

Nach den Standarduntersuchungen sagt Tilly Tierlieb: „Achtung, jetzt kommt etwas Neues“, und drückt mit Daumen und Zeigefinger Wuschels Bäckchen. Er öffnet sein Mäulchen und zeigt die Zähne.

„Huh!“, macht Maxi. „Von dem möchte ich aber nicht gebissen werden – das tut bestimmt weh!“

„Er soll sich vor allem selbst nicht weh tun“, erklärt Tilly. „Und weil bei Meerschweinchen und anderen Nagetieren die Zähne und Krallen so schnell wachsen, muss ein Tierarzt von Zeit zu Zeit kontrollieren, ob sie kurz und gerade sind.“ Dabei wirft sie einen raschen Blick auf Wuschels Krallen und nickt befriedigt.

„Die Krallen muss man regelmäßig kürzen, damit sie sich nicht einrollen und entzünden. Und die Zähne sollen sich gleichmäßig abnutzen. Deshalb muss man darauf achten, dass Nagetiere genug zu nagen haben: Brotkanten oder Äste zum Beispiel.“

Mit dem Finger hebt sie Wuschels Füßchen an, so dass die Kinder seine Sohlen sehen. Sie sind nackt und glatt. „Sehr schön“, freut sich Tilly Tierlieb. „Auch hier kein Anzeichen von Entzündung.“
Mit gekonntem Schwung dreht sie ihren Patienten so, dass zwischen seinen gespreizten Hinterbeinchen der Po sichtbar wird. „Alles glatt und gepflegt! Kein Anzeichen von Durchfall!“, beendet Tilly die Kontrolle.

Sie setzt Wuschel zurück ins Gras. Sofort wuselt er auf seine Geschwister zu und beginnt zu quieken, zu glucksen und zu grunzen.
„Er ist lebhaft, munter und aktiv und unterhält sich mit den andern“, hält Tilly Tierlieb fest. Dann steht sie auf und sagt:

„Wuschel hat schon bestanden – den können wir ohne weiteres abgeben.“

„Was?“, ruft Lenni. „Wieso?“
Tilly macht es kurz und bündig: „Weil Struppis Herrchen maximal zwei Tiere wollen. Ich habe ihnen geraten, ein Weibchen zu behalten, damit Struppi nicht ständig Junge bekommt. Die anderen beiden Weibchen möchte ich zusammen abgeben. Und die drei Böckchen … am besten zu dritt. Das wird allerdings schwierig, denn die meisten Menschen nehmen höchstens zwei Meerschweinchen auf. Dann wäre einer übrig.“

„Gebongt!“, ruft Max. „Wir nehmen Wuschel! Der ist ok!“

Tilly schüttelt den Kopf. „Nein wirklich“, mahnt sie. „Ihr solltet die Friedfertigkeit eurer Raubtiere – und das sind Hund und Katze nun mal – nicht weiter auf die Probe stellen. Karlchen und Balu kommen bestens mit Schnuffi klar, aber ein kleines Meerschweinchen? Bitte nein. Meerschweinchen und Hund geht sogar noch eher als Meerschweinchen und Katze. Karlchen würde Wuschel für eine Maus halten – und ihr könnt euch vorstellen, was dann passiert! Dass Meerschweine und Kaninchen sich glänzend verstehen, fällt da nicht mehr ins Gewicht. Ihr habt eben nicht nur Schnuffi im Haus.“

„Aber *ich* habe nur ein Kaninchen zu Hause – noch dazu ein kleines. Und es ist einsam!“, mischt sich Lenni ein.

„Glaubst du, Wuschel und Hops würden sich verstehen?“

Die Tierärztin nickt. „Kaninchen und Meerschweinchen passen sehr gut zueinander. Sie sprechen zwar nicht dieselbe Sprache, aber sie haben ähnliche Bedürfnisse. Käfigumgebung und Käfigausstattung, Futter, Beschäftigung, Spiele – alles ähnlich. Und große Kuschler sind sie beide. Meistens hocken sie vom ersten Tag an dicht an dicht nebeneinander."

„Na dann", sagt Lenni. „Dann möchte ich den Kuschel-Wuschel gerne mitnehmen! Mama hat bestimmt nichts dagegen."

„Oje", sagt Sina und zieht ein bedenkliches Gesicht. Auch Maxi schaut ungläubig drein. Nur Tilly Tierlieb grinst ganz frech.
„Ich bin mir sogar sicher, dass deine Mutter nichts dagegen hat, wenn du ein Meerschweinchen nach Hause bringst", sagt sie. Genüsslich fügt sie hinzu: „Ich habe ihr so was nämlich schon längst angekündigt."

Mitten in den Jubel, der jetzt ausbricht, sagt Tilly abwechselnd zweierlei:

„Ich konnte doch nicht mit ansehen, wie Hops völlig vereinsamt." Und: „Pssst! Erschreckt die Meerschweinchen nicht!"

„Puh!", flüstert Lenni schließlich erleichtert. „Dass du Mama schon gefragt hast, ist das Größte! Damit hat Wuschel die schwierigste Eingangskontrolle bestanden."

Wuschel wird adoptiert

Wenige Tage später liegen die drei Freunde in Lennis Wohnung auf dem Boden und gucken erwartungsvoll in Wuschels Käfig. Lenni hat ihn so dicht an das größere Gehege von Hops herangeschoben, dass die Gitterstäbe sich berühren. Hops hockt in der Nähe dieser Doppelwand und mümmelt ein Salatblatt. Von Wuschel ist noch nichts zu sehen.

„Er kommt gleich“, verspricht Lenni und macht ein verheißungsvolles Gesicht. „Passt mal auf!“

Mit leiser Stimme ruft er „Wu-schel!“. Tatsächlich: Im Eingang des Häuschens taucht ein schwarzrotweißer Struwwelkopf auf.
Nachdem er ein paarmal in alle Richtungen geschnuppert hat, läuft der Kleine zielsicher zur Vorderseite des Käfigs. Quiekend begrüßt er Lenni, der einen Karottenstreifen durch das Gitter schiebt, und macht sich eifrig über den Leckerbissen her.

„Er hört schon auf seinen Namen“, flüstert Lenni, „weil er weiß, dass ich immer was Feines für ihn habe. Er frisst mir sogar schon aus der Hand! Ich habe ihn aber erst einmal zum Gitter gelockt, damit ihr ihn auch mal anfassen könnt. Beim Füttern lässt er sich das am ehesten gefallen.“

Wuschel benagt die Mohrrübe und merkt gar nicht, dass die Fingerspitzen von zwei unbekannten Händen ihm dabei über den Rücken streichen.

„Das mit der Einstreu war eine gute Idee“, lobt Sina ihren Freund. „Seit wir seine Sägespäne in der Hand hatten, riechen unsere Finger nicht mehr so fremd für ihn. Zum Glück hast du heute Morgen eine Handvoll Streu für uns abgezweigt, damit wir die Hände damit einreiben können.“

Lenni freut sich über Sinas Lob. „Ich habe mich daran erinnert, wie ihr Schnuffi vom Bauern geholt habt“, sagt er stolz. „Mit einer Handvoll Stroh aus seinem Stall hat ihn die Bäuerin in den Transportkäfig gesteckt. Das hat Maxi

mir erzählt. Genauso habe ich Wuschel aus dem Tierheim hierher gebracht – und genauso habe ich ihn an meine eigene Hand gewöhnt, als ich ihn zum ersten Mal auf den Arm genommen habe."
„Das war ziemlich genial!" Maxi ist beeindruckt.

Doch die Vorführung geht weiter. Vorsichtig zieht Lenni die Karotte zurück und öffnet die Käfigtür. Wuschel läuft sofort zu der Öffnung.
„Er weiß schon, was jetzt kommt", schmunzelt Lenni. Dann hält er die Karotte in den Käfig – direkt vor Wuschels Nase. Vor die Käfigtür rückt er eine hölzerne Rampe mit aufgenagelten Trittleisten. Dann zieht er die Mohrrübe ganz sachte aus dem Käfig und lockt das Meerschweinchen langsam auf die Rampe.

Ohne jede Scheu folgt Wuschel seinem Leckerbissen. So spaziert er Treppchen für Treppchen aus dem Käfig auf den Teppichboden herab. Unten angekommen, bekommt er seine Belohnung. Aber auch Lennis Geduld wird belohnt, denn Wuschel lässt sich jetzt ausgiebig streicheln und sogar mit einem Finger am Hals kraulen.

„Wow!“, macht Sina ganz andächtig und Maxi flüstert heiser: „Du bist ja ein richtiger Meerschweinchendompteur!“

Lenni kichert geschmeichelt, doch er wehrt ab: „Der schwierige Teil kommt erst: Ich lasse Wuschel und Hops gleichzeitig frei laufen – zum ersten Mal! Sie haben sich jetzt genug aneinander gewöhnt. Jeden Tag habe ich die Käfige ein Stück näher zueinander geschoben, bis sie sich richtig gut riechen konnten. Seit gestern stehen sie Gitter an Gitter – und sie haben den halben Tag ihre Nasen zusammengesteckt.“

Vorsichtig öffnet Lenni den Käfig von Hops. Das Zwergkaninchen hört sofort auf, sein Salatblatt zu benagen, und dreht den Kopf.

„Guuuter Hops“, sagt Lenni in beruhigendem Ton und schiebt dem Kleinen seine Hand vor die Nase. Nach einigem Schnuppern beginnt Hops, Lennis Finger abzulecken. „So ist es brav“, lobt dieser und grinst. Zu seinen Freunden sagt er: „Das kitzelt!“, und grinst noch mehr.

Dann hebt er Hops mit geübtem Griff aus dem Käfig und setzt ihn auf den Teppichboden. „Ich habe schon alles vorbereitet“, sagt er zu Sina.

Maxi hat sich längst umgesehen. „Der reinste Abenteuerspielplatz“, stellt er fest. „Brauchen sie das wirklich alles?“ „Na ja“, antwortet Lenni ein bisschen verlegen. „Ich habe alles aufgebaut, was Hops gerne hat – und für Wuschel noch ein bisschen was dazugekauft. Jeder soll das tun, was ihm Spaß macht: die Backsteine raufklettern, auf dem Wippbrett hin und her laufen, die Rampe hochhoppeln, sich in der Kartonhöhle verstecken oder durch den Röhrentunnel krabbeln. Aber vor allem sollen sie sich mal richtig kennenlernen."

Mit diesen Worten platziert Lenni einen saftig roten Apfel genau zwischen Hops und Wuschel. „Ungespritzt!", sagt er zu seinen Freunden, doch für längere Erklärungen bleibt keine Zeit, denn Wuschel und Hops setzen sich fast zeitgleich in Bewegung.

Beim Ziel ihres Leckerschmeckerappetits angekommen, stupsen sie nur kurz ihre Näschen aneinander und beginnen

dann, einträchtig an dem großen Apfel zu knabbern – jeder von seiner Seite.

„Puh!“, macht Maxi. Sina atmet ganz tief durch und Lenni seufzt erleichtert: „Das hat geklappt! Jetzt gehört Wuschel wirklich zur Familie: Hops hat ihn adoptiert!“

Heißkalt erwischt!

Am nächsten Tag marschieren die drei nach der Schule direkt zu Lennis Wohnung. Sina hat einen Melonenschnitz von ihrem Pausenbrot abgezweigt und Maxi hat sich ein paar Weintrauben vom Mund abgespart. Lenni sammelt unterwegs noch ein paar Löwenzahnblüten und -blätter.

„Das wird ein Festmahl!“, freut er sich. „Wuschel wird staunen!“
„Ob er sich freut? Was meinst du?“ Aufgeregt springt Maxi von einem Bein aufs andere.
„Ich hoffe es“, sagt Lenni, als er die Klinke zum Kinderzimmer herunterdrückt.

„Normalerweise kommt er sofort aus seinem Häuschen und läuft mir entgegen.“

Gemeinsam gehen sie auf den Käfig zu, doch nichts passiert. Dann kommt Wuschel aus dem Häuschen, doch statt zu quieken, niest er kräftig. Die Freunde sehen sich an. Mit einem Satz ist Lenni am Schreibtisch, auf den er den Käfig gestellt hat und schließt das Fenster. „Wuschel! Du Armer!“, tröstet er das Meerschweinchen, das jetzt auch noch anfängt zu husten. Mit einem Blick auf Wuschels traurige Schniefnase sprintet Lenni zum Telefon und wählt die Nummer von Tillys Praxis.

„Schnell! Bitte! Frau Doktor Mann! Mein Meerschweinchen ist krank, ich bin Lenni, hallo. Entschuldigung!“, ruft er, als die Sprechstundenhilfe abhebt. Zum Glück kennt sie die Kinder – und zum Glück hat Tilly einen Moment Zeit und kann das Gespräch entgegennehmen.

Lenni schaltet den Lautsprecher ein, damit seine Freunde alles hören können. Tilly stellt eine Reihe von Fragen: „Was hat er? Niesen, Husten? Läuft die Nase? Ein bisschen, hmm. Bekommt er Luft, kann er atmen? Läuft er herum oder liegt er teilnahmslos da? Aha, gut. Hast du den Käfig oder seine Umgebung saubergemacht? Mit einem scharfen Putzmittel? Nein – das ist gut. Liegt Torf oder staubiges Heu im Käfig? Auch nicht. Hat er sich vielleicht einen Zug geholt?“

Jetzt wird Lenni kleinlaut. „Ich habe den Käfig ans offene Fenster gestellt, solange ich in der Schule war“, gesteht er. „Ich wollte ihm was Gutes tun. Frische Luft ist doch gesund!“

„Im Prinzip ja“, tönt es aus der Leitung. „Aber Meerschweinchen sind extrem temperaturempfindlich. Vor allem auf Zugluft reagieren sie sehr schnell mit Erkältungen. Lass das Fenster bitte zu und sorge dafür, dass er sich ein bisschen aufwärmen kann – aber stell ihn nicht direkt neben die Heizung, denn dort ist ihm die Luft zu trocken. Davon bekommt er einen Reizhusten. Gönn' dem Kleinen einfach Ruhe. Um fünf bin ich hier fertig. Holt ihr mich ab? Dann machen wir einen Hausbesuch und sehen uns den Patienten gemeinsam an.“

Als Tilly Tierlieb eingehängt hat, steht Lenni immer noch da und starrt den Hörer in seiner Hand an. Sina zieht ihn vom Telefon weg. „Na komm schon“, ermuntert sie den Freund. „Du hast doch gehört, was Tilly gesagt hat: Lass ihm seine Ruhe! Wir gehen spielen. Später kommen wir mit Tilly zurück – sie hilft ihm bestimmt!“

Widerstrebend folgt Lenni seinen Freunden nach draußen. Im Treppenhaus macht er noch einmal kehrt und rennt zurück in die Wohnung.
Als er wiederkommt, wirkt er erleichtert.
„Hast du noch mal nach Wuschel gesehen?“, fragt Sina und Lenni nickt: „Ich glaube, jetzt geht's ihm besser.“
„Na also“, tröstet Sina.
Auch Maxi ermuntert den Freund:

„Das wird schon wieder! So eine Erkältung steckt er locker weg!“

Trotzdem bleibt die Stimmung den ganzen Nachmittag getrübt. Endlich ist es so weit: Kurz vor fünf Uhr trollen sich die Freunde zur Tierarztpraxis. Tilly steht schon vor der Garage.

„Na los!“, fordert sie die Freunde auf. „Steigt ein! Die paar Schritte könnten wir zwar laufen, aber ich schätze mal, euch kann es gar nicht schnell genug gehen, stimmt’s?“

Lenni regiert nicht auf ihren freundschaftlichen Knuff.
Schweigend steigen sie in den Geländewagen. Schweigend fahren sie drei Straßen weiter bis vor Lennis Haus. Schweigend steigen sie die Treppe hinauf.
Als Lenni die Tür aufsperrt, unternimmt Tilly noch einen Versuch: „Glaub’s mir“, beruhigt sie ihn, „ein Luftzug ist nicht lebensbedrohlich. Mit einer Aufbauspritze und ein paar Vitamintropfen erholt er sich schnell. Wenn ihr ihm dann noch frisches Obst gebt und ihn schön warm haltet, kann schon nichts mehr schief

gehen. Habt ihr eine Rotlichtlampe? Die könnten wir neben den Käfig stellen, damit er sich wärmen kann."

Jetzt kommt Leben in Lenni. „Haben wir!", sagt er und hebt den Kopf. „Sogar schon aufgebaut! Er wärmt sich schon!"
Alarmiert dreht Tilly den Kopf und starrt Lenni an. Aber sie sagt gar nichts. Nur ihre Schritte werden länger, als sie aufs Kinderzimmer zuläuft. „Hier, ja?", fragt sie kurz und reißt die Tür auf.
„Oh Gott!", stöhnt sie kurz darauf. Und noch einmal: „Oh Gott!"

Erschreckt drängen die Kinder hinter ihr ins Zimmer. Jetzt sehen sie es auch: Direkt neben dem Käfig steht eine Rotlichtlampe. Sie leuchtet den ganzen Käfig aus. Am anderen Ende, hinter seinem Hüttchen, liegt Wuschel platt auf dem Boden und streckt alle viere von sich.

Rettungsteam für Wuschel

„Ist er tot?“, ruft Sina und schlägt sich die Hand vor den Mund. Maxi ist wie gelähmt. Stocksteif steht er da und reißt die Augen auf. Lenni stürzt zum Schreibtisch, Tilly ebenfalls. Mit einem Griff schaltet sie die Rotlichtlampe ab. „Sie hat ihn wohl nicht genug gewärmt?“, fragt Lenni.

„Im Gegenteil!“, ruft Tilly. „Er hat einen Hitzschlag bekommen!“ Rasch zieht sie ein Stethoskop aus ihrer Tasche und setzt es auf Wuschels Brust. Während ihr bestürztes Team sich um sie drängt, lauscht die Tierärztin angespannt. Dann setzt sie das Abhörgerät ab und sagt:

„Immerhin: Er atmet noch, aber ganz flach. Gott sei Dank sind seine Augen geöffnet und er folgt uns mit Blicken. Das ist ein gutes Zeichen.“

Behutsam schiebt sie ihre Hand unter Wuschels schlaffen Körper und hebt ihn hoch. „Seine Muskeln zittern“, sagt sie. Und: „Der Käfigboden ist brennend heiß. Die Lampe hat das ganze Gestell aufgeheizt.“

Lenni ist wie vom Donner gerührt. Er beißt sich auf die Lippen, als Tilly Tierlieb das Meerschweinchen zum Badezimmer trägt.
Dort zieht sie ein zusammengefaltetes Handtuch aus dem Regal und legt es auf die Kommode.

„Hier hat er es weich und kühl, aber auch nicht allzu kalt“, sagt sie. „Ihr müsst nur aufpassen, dass er nicht herunterfällt, wenn er sich wieder berappelt – *wenn* er sich wieder berappelt!“

Als sie die erschrockenen Blicke der Kinder sieht, hebt Tilly die Schultern. „Tut mir leid“, sagt sie. „Ich muss es so deutlich sagen: Der Kleine ist in einem lebensbedrohlichen Zustand.“

Sina kommen die Tränen, Maxi ist noch immer wie gelähmt. Nur Lenni flüstert: „Was können wir denn tun?“

„Wir brauchen ein kühles Tuch – kühl, aber nicht nass!“, ordnet Tilly an. „Und Wasser in einer Schale.“
Ohne ein weiteres Wort rast Lenni davon. Währenddessen steckt die Tierärztin den Stöpsel ins Waschbecken und lässt Wasser einlaufen. Dabei prüft sie die Temperatur mit dem Zeigefinger. Dann tunkt sie den Finger noch mal ins Wasser und hält ihn Wuschel vor die Nase. Er blinzelt und leckt den Tropfen ab.
„Gott sei Dank!“, entfährt es Tilly.
Nun greift sie mit beiden Händen ins Wasser. Mit nassen Fingern beginnt sie, Wuschels Beinchen abzureiben.

In diesem Moment kommt Lenni zurück. „Da!“, keucht er und streckt Tilly ein Geschirrtuch hin. „Das hab’ ich aus dem Wäschekeller – direkt von der Leine. Kühl, aber trocken.“

Zufrieden befühlt Tilly das Tuch. „Sehr gut“, sagt sie und legt das gefaltete Tuch auf Wuschels Körper.

Dann sieht sie die Kinder an. „Er hat einen Hitzschlag erlitten“, sagt sie ernst, „weil die Lampe zu dicht am Käfig stand. Dadurch gab es im ganzen Käfig keine einzige kühle Stelle mehr. Sein Körper hat sich immer weiter aufgeheizt, bis er einen Kreislaufkollaps hatte. Jetzt müsst ihr Wuschel langsam wieder herunterkühlen – ein kühles Tuch über den Körper legen, Wasser anbieten, Füße benetzen. Sobald er kräftiger atmet, stellt ihn auf ein Tuch, das ihr unters kalte Wasser gehalten habt. Aber gut ausdrücken! Nicht dass er sich bäuchlings in die kalte Nässe legt. Dann haben wir die nächste Erkältung!“

Jetzt beginnt Lenni zu weinen. Ob er es will oder nicht – eine Träne nach der

andern stiehlt sich aus seinen Augenwinkeln und läuft an seinen Backen hinunter. Bestürzt sehen ihn seine Freunde an.
Mit ernstem Gesicht zieht Tilly ihr Stethoskop heraus und setzt es noch einmal an. „Glück gehabt!“, sagt sie. „Die Atmung kräftigt sich! Er kommt noch mal davon.“

„Wirklich?“, flüstert Lenni. „Bist du sicher?“
Ohne ein Wort zu sagen, nickt Tilly mit dem Kopf. Langsam, aber mit Nachdruck. Dann fasst sie Lenni bei den Schultern und schüttelt ihn sacht. „Gut gemeint ist noch nicht gut gemacht“, sagt sie leise. „Ihr seid ein tolles Team, aber manchmal holt man besser gleich den Arzt, ehe man selbst herumdoktert.“

Lenni schnieft.
„Na komm schon“, tröstet Tilly und streicht ihm übers Haar. „Die Idee war gut, nur die Ausführung war schlecht. Lass gut sein! Wuschel kommt durch. Bald kann er wieder mit Hops spielen.“

Sina und Maxi nehmen ihren Freund in die Mitte und drücken ihn – Maxi ganz fest und Sina ein bisschen zaghaft. Als Lenni sie ansieht, wird sie rot.

Doch ausgerechnet Maxi kommt ihr zu Hilfe.
„Puuh!“, stöhnt er. „Mein Herz klopft wie verrückt! Und das von Sina hat bestimmt auch einen Sprung gemacht. So eine Aufregung, oh Mann, oh Mann, oh Mann, oh Mann! Lenni – ganz ehrlich: ich würde am liebsten Herzblümchen malen. Und darüber schreiben wir: ‚Drei Freunde – ein Herz und eine Seele‘.“
„Drei Freunde – ein Herz für Tiere“, ergänzt Sina und drückt Lenni ein bisschen fester. Langsam hellt sich sein Gesicht auf.

„Ihr übt wohl schon, um es Hops und Wuschel vorzumachen“, schmunzelt Tilly Tierlieb. „Ich sehe schon – das wird ein richtiges Kuschelwuschel!“

Sina strahlt Lenni an, Maxi kichert – und Lenni beginnt, erleichtert zu grinsen. „Alles klar“, schnieft er. „Ich freu mich schon, wenn Wuschel wieder o.k. ist. Dann gibt’s das große Kuschelwuschel.“

Tipp vom Tierarzt

1. Sollen wir ein Meerschweinchen kaufen?

Viele Kinder – und auch Erwachsene – träumen davon, Meerschweinchen zu besitzen. Die kleinen Kerle gehören seit langem zu den beliebtesten Haustieren.
Kein Wunder, denn sie sind gesellig, lieb – und ziemlich unkompliziert.

Sie brauchen nicht viel Platz und dürfen auch ohne Erlaubnis des Vermieters in einer Wohnung leben. Dort kann man sie ohne Bedenken alleine lassen.
Während ihre Menschen auf der Arbeit oder in der Schule sind, beschäftigen sich Meerschweinchen stundenlang miteinander.

Aber Meerschweinchen lassen sich auch gerne streicheln, wenn sie erst Vertrauen gefasst haben. Dabei sind sie sehr geduldig: Auch wenn man sie einmal falsch anfasst, bleiben sie ruhig. Nur im Notfall beißen oder zwicken sie.

Und noch ein Vorteil: Im Gegensatz zu anderen Haustieren musst du Meerschweinchen nicht impfen lassen. Kämmen oder bürsten musst du nur Langhaarmeerschweinchen, alle anderen säubern sich selbst. Die einzige Pflege, die hin und wieder nötig wird, ist das Kürzen von Krallen und Zähnen – und das erledigt am besten die Tierärztin oder der Tierarzt.

Trotzdem musst du einiges bedenken, wenn du ein Meerschweinchen haben willst.
Wilde Meerschweinchen leben in Gruppen. Deshalb sollten auch zahme nie alleine sein. Die Tiere brauchen Gesellschaft, sonst verkümmern sie. Überlegt euch also, ob ihr nicht

gleich zwei von ihnen beherbergen könnt. Dann überstehen sie die Zeit ohne dich leichter.

Wenn du zu Hause bist, solltest du dich ausführlich mit ihnen beschäftigen. Dafür musst du jeden Tag mindestens eine Stunde einplanen. Neben dieser Spiel- und Schmusestunde stehen in deinem Haustier-Stundenplan aber auch noch andere Dinge.
Käfigputzen und Futterbesorgen gehören genauso dazu wie das gemeinsame Spielen. Auch diese Arbeiten müssen erledigt werden – jeden Tag, auch in den Ferien.

Überlegt euch rechtzeitig, wer die Tiere versorgen kann, wenn ihr im Urlaub seid. Mitnehmen kannst du sie nämlich nicht, auch wenn im Auto noch Platz für den Käfig ist. Meerschweinchen haben Angst vor allem Fremden. Am wohlsten fühlen sie sich in den eigenen vier Wänden.

Wenn sie zu Hause Auslauf haben, passiert aber immer mal wieder eine ‚Panne'.

Dann muss jemand die Bällchen aufsammeln oder die Pfütze wegwischen. Auch mit anderen Spuren müsst ihr rechnen: Manchmal nagen die Tiere Möbel oder Tapeten an.

Das alles darf kein Grund sein, sie ständig einzusperren. Im Gegenteil: der Käfig muss so groß wie möglich sein. Das ist zwar nicht gerade billig, aber die Meerschweinchen werden es dir danken. Wenn sie sich wohl fühlen, sind sie lustig und munter und du hast eine Menge zu beobachten.

Und sie leben länger: Meerschweinchen werden fünf bis acht Jahre alt. Bei guter Pflege können sie sogar zehn Jahre leben. So lange musst du dich um deine Tiere kümmern. Und für sie bezahlen: Nach einiger Zeit werden die Tierarztrechnungen teurer sein als das Meerschweinchen selbst.

Auch für das Futter brauchst du Geld – jeden Monat zehn bis fünfzehn Euro. Und ein ordentlicher Käfig samt Einrichtung kostet mindestens drei Mal so viel wie das Meerschweinchen selbst. Aber die richtige Behausung ist für die Tiere von großer Bedeutung.

2. Wie wohnt ein Meerschweinchen?

Dass Meerschweinchen lieb sind, weiß jedes Kind. Wie lustig und lebhaft sie sind, ist weniger bekannt. Das hat einen einfachen Grund. Meerschweinchen brauchen Abwechslung, Bewegung und Gesellschaft. Sonst fühlen sie sich nicht wohl, hocken lustlos herum und interessieren sich für gar nichts mehr.

Deine Aufgabe ist es dafür zu sorgen, dass das nicht passiert.
Das fängt bei deiner eigenen Wohnung an. Meerschweinchen wollen herumflitzen, sich gegenseitig jagen und Fangen spielen, Haken schlagen und Luftsprünge machen.

Überleg dir deshalb gut, in welchem Zimmer sie ihren täglichen Auslauf bekommen. Teure Teppiche und wertvolle Möbel sollten besser nicht darin sein, denn Meerschweinchen knabbern gerne. Leider erwischen sie dabei manchmal nicht nur die Einrichtung, sondern ein Kabel – und dann wird es für die Kleinen lebensgefährlich. Achte deshalb darauf, dass Strom- und Telefonkabel außerhalb der Reichweite deiner Meerschweinchen sind. Auch Bücher und Zeitungen solltest du wegräumen, denn Papier haben Meerschweinchen ‚zum Fressen' gern.

Stattdessen solltest du deinen kleinen Freunden eine Spielecke aufbauen, wenn du sie aus

dem Käfig lässt. Ein paar Blumentöpfe sind genug: Setze sie so auf den Boden, dass sie zur Aussichtsplattform werden oder lege sie auf die Seite, damit eine Kuschelhöhle entsteht.

Diese Höhle brauchen Meerschweinchen auch in ihrer eigenen Wohnung, dem Käfig. Der sollte nicht zu klein sein. 40 mal 80 Zentimeter ist das Minimum. Die Bodenschale aus Plastik sollte mindestens zehn Zentimeter hoch sein. So lässt sie sich leichter reinigen. Leg aber auch einen Ziegelstein in den Käfig. Wenn sie über diesen harten Untergrund laufen, wetzen Meerschweinchen ihre Krallen ab. Das erspart dir manchen Gang zum Tierarzt, der sonst die Krallen regelmäßig kürzen muss.

Der wichtigste Einrichtungsgegenstand im Käfig ist das Häuschen. Die Meerschweinchen schlafen darin, ziehen sich aber auch am Tag gerne in eine Höhle zurück, wo sie sich einkuscheln können und ein Dach über dem Kopf haben. Am besten kaufst oder baust du ein

Hüttchen aus Holz, denn daran können die Kleinen auch gleich ihre Zähne wetzen. Achte jedoch darauf, dass keine Tacker oder Nägel aus den Brettchen stehen, an denen sie sich verletzen können.

Sogar die Einstreu kann ‚genießbar' sein: Wenn du Stroh statt Sägespäne in den Käfig streust, können die Meerschweinchen darin herumwühlen oder sogar daran knabbern.

Eigentlich sollen sie aber Heu fressen. Du kannst es auf den Käfigboden legen oder eine Heuraufe in der Käfigwand befestigen. Dann wird das Futter nicht so schnell zertrampelt und verschmutzt. Das gleiche gilt für Grünfutter.

Wenn du einen Futternapf aufstellst, nimm eine Schale aus Porzellan oder Ton. Sie steht fester als ein Plastikschälchen.
Das Trinkwasser füllst du in eine Nippeltränke, die wie die Futterraufen ins Käfiggitter gehängt wird.

3. Was frisst mein Meerschweinchen am liebsten?

Auch beim Fressen sind Meerschweinchen unkompliziert. Ihr wichtigstes Nahrungsmittel ist Heu – aus dem Zoohandel oder selbst gesammelt. Es sollte grünlich sein und würzig riechen. Wenn es gelb wird oder müffelt, solltest du es nicht mehr füttern, denn schlechtes Heu bekommt den Meerschweinchen nicht. Mit gutem Heu dagegen decken sie ihren Vitaminbedarf auch dann, wenn es kein frisches Grünzeug gibt.

Aber zum Glück müssen deine Tiere auch im Winter nicht auf Grünzeug verzichten, denn es gibt genügend Obst und Gemüse, das sie gerne fressen und gut vertragen.

Dazu gehören Äpfel, Bananen, Erdbeeren, Weintrauben, Melonen oder Kiwi – alles in kleinen Mengen und gut gereinigt.

Auch Gemüse solltest du in ‚Meerschweinchenportionen' füttern. Schneide Karotten, Gurken und Tomaten in kleine Schnitze, nachdem du sie gut gewaschen und getrocknet hast. Schälen solltest du sie nicht, denn unter der Schale stecken die meisten Vitamine.

Aufpassen musst du bei Kopfsalat, denn an seinen Blättern hängen viele Schadstoffe. Deshalb muss Salat besonders gut gewaschen und getrocknet werden. Am besten geht das mit einer Salatschleuder.

Alles Schleudern hilft nichts bei Kohl. Von ihm bekommen Meerschweinchen Blähungen. Das gleiche gilt für Birnen – und für Klee. Deshalb solltest du dich beim Sammeln von Grünzeug besser auf Löwenzahn und Gras verlegen.

Wenn du dann noch für gesunden Knabberspaß sorgst, tust du auch den Zähnen deines Lieblings etwas Gutes.

Dazu legst du ihm von Zeit zu Zeit eine alte Brotkante in den Käfig oder gibst ihm einen ungespritzten Obstbaumzweig. Das Nagen an den harten Teilen hält Meerschweinchenzähne kurz und gepflegt. Sonst würden sie so lange weiterwachsen, bis das Tier sich selbst verletzt.

4. Wie kann ich mein Meerschweinchen vor Unfällen schützen?

Es gibt einige Dinge, die du deinem Meerschweinchen ersparen kannst. Wenn du Bescheid weißt, geht das ganz einfach. Grünfutter immer gut zu waschen und hinterher auch abzutrocknen, ist nur eine Sache. Darauf zu achten, dass das Tier sich nicht überfrisst, ist eine andere. Hat es erst mal Übergewicht angesetzt, wird es anfällig für Krankheiten und bekommt vom Tierarzt eine Diät verordnet.

Die beste Diät ist immer noch ausreichend Bewegung. Wenn du viel mit deinem Meer-

schweinchen spielst, bleibt es schlank und fit. Beim Herumtoben lauern aber auch Gefahren. Wenn du sie kennst, sind sie leicht zu vermeiden. Zum Beispiel Unfälle, bei denen das Meerschweinchen hinter der Tür eingequetscht oder versehentlich getreten wird.
Achte deshalb darauf, dass alle Familienmitglieder es erfahren, wenn dein Meerschweinchen Zimmerauslauf hat. Durch ein selbst gemaltes Türschild ‚Achtung! Frei laufende Meerschweinchen!' mahnst du deine Eltern und Geschwister zur Vorsicht.

Auch Abstürze müssen nicht sein. Deshalb sollten Meerschweinchen nur unter Aufsicht über Tische oder auf Kommoden laufen. Balkongitter und Treppengeländer müssen mit Brettern oder Drahtgeflecht so weit gesichert werden, dass die Tiere sich nicht mehr hindurchzwängen und abstürzen können.
Bei Freilauf im Zimmer dürfen keine Kabel auf dem Boden liegen. Stecker müssen aus der Dose gezogen werden.

Aber auch Pflanzen können Meerschweinchen gefährlich werden, vor allem im Freien. Viele Wiesenblumen, aber auch Ziergewächse und Balkonpflanzen sind für Meerschweinchen giftig.

Dazu gehören Alpenveilchen, Bärlauch, Buchsbaum, Efeu, Engelstrompete, Fingerhut, Geranie, Goldregen, Hahnenfuß und Herbstzeitlose, Immergrün, Krokus, Lebensbaum, Maiglöckchen und Narzissen, Oleander,

Rittersporn, Schneeglöckchen, Tulpen und Weihnachtsstern, aber auch Blumenzwiebeln wie die von Iris oder Lilien.

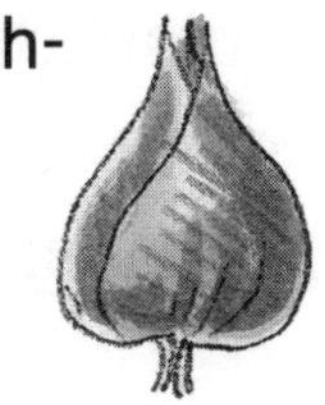

So schön ein Freilaufgehege im Garten auch ist – ehe du die Meerschweinchen hineinsetzt, musst du sicherstellen, dass keine Giftpflanze im Auslauf wächst oder von dort aus beknabbert werden kann.

Auch auf dem Balkon und im Zimmer müssen alle Giftpflanzen außer Reichweite sein. Und wenn doch einmal ein vorwitziges Tierchen sich über eine Giftpflanze hermacht, fahrt schnell zum Tierarzt und nehmt ein Blatt von der Pflanze mit, an der es verbotenerweise genascht hat.

5. Was kann ich für die Gesundheit meines Meerschweinchens tun?

Meerschweinchen sind extrem temperaturempfindlich. Bei Zugluft holen sie sich schnell einen Schnupfen, bei Hitze droht ihnen der Hitzschlag.

Diese Probleme solltest du bedenken, wenn du nach einem Standort für den Käfig suchst. Sein Platz sollte hell sein, nicht zu warm und vor allem frei von Zugluft. Ein Platz auf dem Fußboden ist deshalb wenig geeignet. Erstens zieht es dort oft und zweitens bekommen Meerschweinchen Angst, wenn sich über ihnen etwas bewegt. Sie fühlen sich dann verfolgt und fürchten einen Angriff.

Stressfreier leben sie, wenn ihr Käfig erhöht steht, zum Beispiel auf einem Beistelltisch oder einer Kommode. Dort ist es wärmer und sie haben eine bessere Übersicht. Neben der Heizung darf der Käfig dabei allerdings ebenso wenig stehen wie in der prallen Sonne.

Auch kleinere Wärmequellen können für Meerschweinchen gefährlich werden. Toaster, Herdplatten, brennende Kerzen oder Zigarettenkippen sind regelrechte Fallen, an denen ein Meerschweinchen sich böse verbrennen kann.

Wenn du deinen Meerschweinchen einen Urlaub auf Balkonien gönnst, muss der Balkon einen Sonnenschutz haben, Wind und starker Regen müssen abgehalten werden. Ist der Boden gefliest oder betoniert, leg eine Decke oder Grasmatte unter, damit die Meerschweinchen sich nicht erkälten.

Trotz aller Vorsicht kann es passieren, dass ein Meerschweinchen krank wird. Manchmal kannst du die Ursachen selbst abstellen, in anderen Fällen hilft nur die Tierärztin oder der Tierarzt.

Wenn ein Tier nur noch herumhängt und nicht mal zur Begrüßung quiekt, hat es vielleicht Langeweile – ihm fehlen Bewegung, Abwechslung, Gesellschaft und Streicheleinheiten.
Es kann aber auch eine Infektion dahinterstecken.

Ein anderes Beispiel ist Durchfall: Er kann durch nasses oder kaltes Futter verursacht sein, durch verdorbene Essensreste oder abgestandenes Wasser. Sobald es frisches Futter gibt, kommt das Tier wieder zu Kräften. Wenn es aber immer schwächer wird, kann eine Vergiftung vorliegen, eine Darmentzündung oder schlimmeres.

Auch Niesen und Husten können harmlos sein – wenn sie durch staubiges Heu oder scharfe

Putzmittelgerüche ausgelöst werden. Kommen Nasenlaufen, Atembeschwerden und Gewichtsabnahme dazu, hat das Tier womöglich Bronchitis oder eine andere ansteckende Krankheit.

Andere Krankheiten, die medizinische Behandlung benötigen, sind die Meerschweinchenräude und die Meerscheinchenlähme. Die Meerschweinchenräude erkennst du daran, dass das Tier sich ständig kratzt, obwohl sein Fell gut gepflegt ist. Auch plötzlich auftretende Borken und klebrige Beläge auf der Haut können Alarmzeichen sein. Diese Krankheit kann man jedoch sehr gut behandeln.

Bei der Meerschweinchenlähme bekommt das Tier Fieber, Atembeschwerden und Krämpfe und es beginnt, die Hinterbeine hinter sich herzuziehen. Diese Krankheit ist sehr schwer zu behandeln. Deswegen ist es besonders wichtig, dass du deine Tiere gut beobachtest und mit ihnen in die Tierarztpraxis gehst, sobald du Veränderungen bemerkst.

6. Was kann ich mit meinen Meerschweinchen spielen?

Meerschweinchen sind kleine Leckermäuler. Sie würden fast alles tun, um an eine Karotte oder einen Apfelschnitz zu kommen. Das kannst du ausnutzen, indem du die Kleinen dazu anregst, sich das Leckerli erst mal zu ‚verdienen'.

Am einfachsten geht das, wenn du ein Hindernis zwischen Schlafhäuschen und Futterplatz baust: Eine Holzwand mit einem Loch oder einen kleinen Wall aus Steinen und Ästen – irgendein Hindernis, das es zu überwinden gilt, um ans Futter zu kommen. Meerschweinchen nehmen dafür einiges auf sich: Sie krabbeln durch Löcher und über Hürden, klettern auf Treppchen und Podeste, balancieren über Stege und Brücken. Manche reagieren sogar auf einen ganz bestimmten Ton und kommen zum Beispiel bei jedem Glöckchenbimmeln herbei, wenn sie dann ihr Futter bekommen.

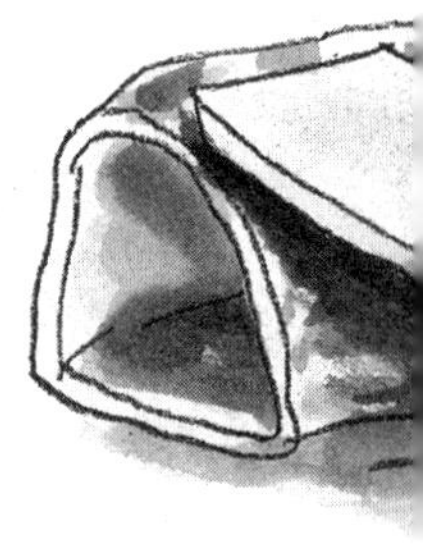

Aber Meerschweinchen können noch mehr: Sie unterscheiden Farben und Formen. Wenn du ihnen immer wieder drei Futternäpfe vorsetzt, von denen nur einer gefüllt ist, werden sie diesen bald direkt ansteuern – egal, wo er steht. Diesen Versuch kannst du mit drei verschiedenfarbigen Näpfchen machen, zum Beispiel mit einem roten, einem grünen und einem blauen, oder aber mit weißen Schüsselchen, die du unterschiedlich bemalst – mit einem Stern, Kreis oder Dreieck.

7. Kann ich mich mit meinen Meerschweinchen unterhalten?

Langweilig sind Meerschweinchen ganz bestimmt nicht, wenn man sich mit ihnen beschäftigt und sie durch Übungen und Spiele fit hält.

Ganz und gar nicht langweilig ist auch die Sprache der Meerschweinchen. Sie besteht aus bestimmten Bewegungen und Körperreaktionen, vor allem aber aus einer Reihe von Lauten und Geräuschen. Viele bekommst du nur zu hören, wenn Meerschweinchen unter sich sind, denn von Menschen oder anderen Tieren bekommen sie ja keine richtige Antwort.

Am häufigsten wirst du hoffentlich ein leises Murmeln und Brabbeln hören, denn damit drücken Meerschweinchen aus, dass sie zufrieden sind. Leben mehrere Meerschweinchen zusammen, glucksen und gurren sie manchmal wie die Turteltauben. Das heißt: ‚Hallo, wie geht's?', ‚Komm, lass uns kuscheln' oder ‚Na du? Schön, so neben dir zu liegen!'.

Natürlich gibt es auch weniger erfreuliche Nachrichten, die Meerschweinchen einander mitteilen. Ein lauter Pfiff ist ein Alarmsignal. ‚Achtung! Alle Mann in Deckung – nix wie weg hier!', bedeutet es, wenn der Aufpasser die Gruppe mit einem Pfiff warnt.
Wenn ein Meerschweinchen Angst hat, quiekt es laut und schrill. Ganz deutlich kannst du daraus hören: ‚Hilfe!', ‚Autsch!' oder ‚Vorsicht!'.

Ein weniger durchdringendes, eher fröhliches Quieken heißt: ‚Uiuiui, Essen ist da! Kommt alle her!' Wenn du mit einem Leckerbissen zum Käfig kommst, wirst du wahrscheinlich von diesem Ton begrüßt. Er heißt dann auch ‚Hallo! Hier bin ich! Und ich bin huuungrig!'

Schlägt dir ein dumpfes Knurren entgegen, ein Rasseln und Klappern, solltest du gut aufpassen. Dann fühlt sich das Tier in die Enge getrieben und gibt eine letzte Warnung: ‚Lass mich bloß in Ruhe – sonst beiße ich!'

Am besten ist, du verdirbst es dir erst gar nicht mit deinem kleinen Freund, dann wird das Schweinchen seinem Namen alle Ehre machen: Wenn du es streichelst, wird es wohlig grunzen. Das heißt dann: ‚Ooooh ja! Mach bitte, bitte weiter so!'

TIPP VOM TIERARZT

Geprüft von der Tierärztlichen Klinik
Dr. Eichhorn & Dr. Faulstroh,
Frankfurt am Main

Geschichten erzählen war für **Margot Scheffold** schon immer das Größte. Sobald sie schreiben konnte, bastelte sie für ihre jüngere Schwester Bücher. Oft ging es darin um Tiere, denn davon gab es im und ums Forsthaus jede Menge. In Haus und Garten, im Wald und beim Bauern. Im Lauf der Zeit kam so ein ganzer Zoo zusammen. Bald waren die Geschwister Expertinnen für Hasen und Katzen, Hunde und Ponys, Igel und Vögel. Dabei sammelten sie auch jede Menge Erfahrungen beim Tierarzt. Heute lebt Margot Scheffold als Kinderbuchautorin in Luxemburg.

Dorothea Tust ist in Langenberg im Rheinland geboren und hat in Wuppertal Grafikdesign studiert. Seit ihrem Studium arbeitet sie als freie Illustratorin und hat bislang zahlreiche Kinderbücher und viele, viele Geschichten für die Sendung mit der Maus gezeichnet. Sie lebt in Köln.

Tierärztin Tilly Tierlieb
Pony
Rocky
2
TIPP VOM TIERARZT

Wohin mit Karlchen, dem Findelkätzchen?

Sina, Max und Lenni spielen im Stadtpark Fußball, als sie plötzlich im Gebüsch ein kleines, molliges Kätzchen entdecken. Schnell ist klar, dass das Katzenkind ausgesetzt wurde – und dringend Hilfe benötigt!

Margot Scheffold /
Dorothea Tust
Tierärztin Tilly Tierlieb
Band 3: Kater Karlchen

144 S., s/w illustriert
ISBN 978-3-8339-3603-6
€ 8,90 (D)/€ 9,20 (A)/
sFr 16,50

Empfohlen ab 7 Jahren

Molli Mogels magisch

Molli will eine große Zauberin werden. Leider hat sie verbotenerweise das „Große Zauberbuch für Zauberer und Zauberinnen ab 100 Jahre“ benutzt – und wurde dabei erwischt.
Nach einem Jahr Zauberverbot darf sie nun wieder loslegen. Doch Trude Täuschung versucht, Molli wieder in Versuchung zu führen!

Nele Moost/Kerstin Völker
Molli Mogel –
Kleine Zauberin ganz groß!

82 Seiten, vierfarbig illustriert
ISBN 978-3-8315-0232-5
€9,90 (D)/€10,20 (A)/sFr 18,10

Die kleine Zauberin Molli Mogel feiert mit ihren Freunden ein großes Willkommensfest für den Sambatänzer Alfonso. Zur gleichen Zeit sinnt jedoch die fiese Trude Täuschung auf eine neue List: Sie will Molli in Versuchung bringen, einen ihrer Freunde zu verraten – dann würde die Kleine ihre Zauberkraft bis ans Lebensende verlieren ...

Nele Moost/Kerstin Völker
Molli Mogel –
Verrate nichts, kleine Zauberin!

82 Seiten, vierfarbig illustriert
ISBN 978-3-8315-0341-4
€9,90 (D)/€10,20 (A)/sFr 18,10

Abenteuer

– Empfohlen ab 6 Jahren –

Molli möchte die Meisterschule besuchen. Sie übt fleißig Zaubern. Währenddessen schreibt die fiese Trude Täuschung an die Prüfungsrunde, dass verschärfte Aufnahmeprüfungen notwendig seien. Postbote Paul will Molli helfen und leiht sich Trudes Zauberkraft. Wird Molli die große Prüfung schaffen?

Nele Moost/Kerstin Völker
Molli Mogel – Du schaffst es, kleine Zauberin!

92 Seiten, vierfarbig illustriert
ISBN 978-3-8315-0342-1
€9,90 (D)/€10,20 (A)/sFr 18,10

Molli geht mittlerweile stolz zur Meisterschule. Natürlich passt das der fiesen Trude Täuschung überhaupt nicht und sie plant erneut Ungeheuerliches ... Da ist plötzlich Zauberweltmeisterin Marta Magira verschwunden – und Molli fragt sich, was nur passiert sein könnte.

Nele Moost/Kerstin Völker
Molli Mogel – Hilf mir, kleine Zauberin!

92 Seiten, vierfarbig illustriert
ISBN 978-3-8339-3503-9
€9,90 (D)/€10,20 (A)/sFr 18,10

Sina

liebt Pferde über alles. Sie hat ihr Zimmer mit Pferdepostern geschmückt und träumt von einem eigenen Pony. Außerdem schwärmt sie heimlich für Lenni.

Max

Maxi, Mini-Max, 6 Jahre alt. Für Sinas kleinen Bruder steht fest: Ein richtiger Mann braucht einen Hund! Oh Mann, oh Mann – ist das so schwer zu verstehen!

Lenni

wohnt mit seiner Mutter und Zwergkaninchen „Hops“ in einer Stadtwohnung. Er kennt sich mit Tieren aus und ist einfach cool. Deswegen ist er Maxis großes Vorbild.